新疆牧民放牧
管理技术手册

Xinjiang Mumin Fangmu Guanli Jishu Shouce

李晓敏　李柱　编著

中国农业出版社

图书在版编目（CIP）数据

新疆牧民放牧管理技术手册 / 李晓敏，李柱编著
. -- 北京：中国农业出版社，2014.3
ISBN 978-7-109-18880-8

Ⅰ. ①新… Ⅱ. ①李… ②李… Ⅲ. ①草原 – 放牧 – 新疆 – 技术手册 Ⅳ. ① S815.2-62

中国版本图书馆 CIP 数据核字 (2014) 第 025449 号

中国农业出版社出版
（北京市朝阳区农展馆北路2号）
（邮政编码 100125）
责任编辑 刘 伟

中国农业出版社印刷厂印刷 新华书店北京发行所发行
2014年5月第1版 2014年5月北京第1次印刷

开本：850mm × 1168mm 1/32 印张：1
字数：20千字
定价：12.00元

前　言

长期以来，天然草原放牧管理与放牧场健康状况评估，一直是草原资源合理利用与保护的薄弱环节。自国家草原生态保护补助奖励机制实施以来，我们在新疆草原牧区放牧管理、草场健康状况评估等技术推广与培训的实践中，深刻感受到基层技术人员及牧民亟需一本简捷、实用的草原放牧管理技术手册，指导他们实现草原资源的合理利用与可持续发展。

本书以新疆草原资源的特点与放牧管理的现状为基础，从放牧管理的基本知识、放牧管理技术、草场监测和草场健康评价等方面，浅显易懂地介绍了科学放牧管理的技术和方法。在国家公益性行业（农业）科研专项“牧区生态高效草原牧养技术模式研究与示范”及新疆维吾尔自治区科技成果转化资金项目“牧民定居畜牧业生产配套技术集成与示范”基地等地区的培训与推广应用中，得到了基层技术人员的认可，并获得了较好的效果。但是，由于新疆地域辽阔，不同区域草原资源及放牧利用特点差异显著，加之水平有限，不妥之处在所难免。敬请广大读者和同仁批评指正。

编者

2014 年 1 月

目录 Contents

一、放牧管理基本知识

1. 牧草类别及其形态特征和放牧利用价值

了解和认知牧场上主要的牧草类别，对于放牧管理、及时掌握草场的放牧强度与健康状况，是极为重要的。据调查，新疆可饲用的天然野生牧草 2 930 余种，其中，在草场上分布数量大、饲用价值较高的有 382 种。菊科、豆科、禾本科、藜科、莎草科 5 科牧草的种类最为丰富，构成了新疆草地牧草资源的主要部分。其中，菊科牧草 395 种，豆科牧草 345 种，禾本科牧草 342 种，藜科牧草 149 种，莎草科牧草 122 种。为了便于基层管理人员及牧民在牧场上识别牧草，我们将牧场上的牧草简单划分为以下类别：

（1）一年生牧草 一年生牧草主要分布在荒漠草场，以春、秋季放牧利用为主，是新疆早春和秋季放牧利用的主要牧草。它们依靠种子繁殖，当年完成从种子萌发、生长到开花结果后枯黄死亡的过程。产草量极不稳定，受积雪和春、秋季降水影响很大。在新疆春、秋季草场上分布广、饲用价值大的一年生牧草有猪毛菜（*Salsola* L.）、胡卢巴（*Trigonella* L.）、角果藜（*Ceratocarpus* L.）、庭荠（*Alyssum* L.）、鹤虱（*Lappula* V. Wolf.）、画眉草（*Eragrostis* Wolf.）、三芒草（*Aristida* L.）、旱麦草 [*Eremopyrum*（Ldb.）Jaub.et Spach.] 等，见图 1~ 图 7。

图1 猪毛菜

图2 花果期猪毛菜

图3 胡卢巴

图4 角果藜

图5 画眉草

图6 三芒草

图7 旱麦草

（2）多年生牧草 多年生牧草的生活期在2年以上。除依靠种子繁殖外，它们还可以通过根部繁殖，而且以根部繁殖生长为主。地上部分开花结果后便枯黄，而地下部分在每年春季又可形成新的植株。它们是新疆各类牧场最重要的牧草。为了便于识别，通常又把它们区分为禾草类牧草、莎草类牧草、豆类牧草和其他类牧草（杂类草）等。此类牧草的营养价值高，适口性好，再生能力强。

禾草类牧草的主要特征：茎细、叶窄，茎中空、有节。此类牧草的营养价值高、适口性好，尤其是再生能力较强，是牧场上比较耐牧的牧草。禾草类牧草在牧场上越多，草场质量越好。新疆天然草场上主要的多年生禾草类牧草有羊茅（*Festuca* L.）、针茅（*Stipa* L.）、早熟禾（*Poa* L.）、鸭茅（*Dactylis* L.）、冰草（*Agropyron* Gaertnr.）、无芒雀麦（*Bromus inermis*）、芦苇（*Phragmites* Adans.）等，见图8~图13。

图8 羊茅

图9 针茅

图10 早熟禾

图11 鸭茅

图 13　无芒雀麦

图 12　冰草

莎草类牧草的主要特征：茎细、叶窄，茎实心、三棱形，基生叶多。此类牧草的营养价值高、适口性好，尤其是再生能力特别强，是新疆夏季牧场上最耐牧的牧草种类之一。新疆天然草场上主要的多年生莎草类牧草有苔草（*Carex* L.）和嵩草（*Kobresia* Willd.）等，见图 14~ 图 15。

图 14　苔草

图 15　嵩草

豆类牧草的主要特征：植株形态如同豆类。此类牧草的营养价值特别高、适口性好。新疆天然草场上主要的豆类牧草有红豆草（*Onobrychis* Mill.）、苜蓿（*Medicago* L.）、黄芪（*Astragalus* L.）、野豌豆（*Vicia* L.）、三叶草（*Trifolium* L.）、棘豆（*Oxytropis* DC.）、野豌豆（*Vicia* L.）和甘草（*Glycyrrhiza* L.）等，见图 16~ 图 22。

图 16　红豆草

图 17　黄花苜蓿

图 18　黄芪

图 19　棘豆

图 20　三叶草

图 21　野豌豆

图 22　甘草

其他多年生牧草也是新疆天然草场的重要组成部分，分布广、饲用价值大的主要种类有珠芽蓼（*Polygonum viviparum*）、糙苏（*phlomis* L.）、老鹳草（*Geranium* L.）、雨衣草（*Alchemilla* L.）、委陵菜（*Potentilla* L.）、千叶蓍（*Achillea* L.）、火绒草（*Leontopodium* R. Br.）、狗娃花（*Heteropappus* Less.）等，见图 23~ 图 30。

图 23　珠芽蓼

图 24　糙苏

图 25　老鹳草

图 26　雨衣草

图 27　千叶蓍

图 28　委陵菜

图 29　火绒草

图 30　狗娃花

（3）小半灌木类（蒿类）牧草　小半灌木类（蒿类）牧草是介于木本植物和多年生牧草之间的一类牧草，多年生，有春、秋两个生长期。在炎热的夏季处于休眠状态，它们的茎秆基部木质化，而茎秆上部草质并于花后或秋后枯萎。此类牧草是春、秋牧场和冬牧场的主要牧草，具有营养价值高、适口性好、保留程度高和抗旱能力强的特点。该类牧草主要是依靠种子繁殖，过度放牧会严重影响其正常生长和繁殖。新疆天然草场上的主要小半灌木类（蒿类）牧草有绢蒿［*Seriphidium* (Bess.) Poljak.］、冷蒿（*Artemisia frigida* Willd.）和木地肤（*Kochia prostrata*）等，见图 31~ 图 33。

图 31　绢蒿

图 32　木地肤

图 33　冷蒿

（4）灌木类牧草 灌木类牧草是没有明显主干的木本植物，株丛一般比较矮小。此类牧草是新疆荒漠草场的重要组成部分，一些种类具有较高的饲用价值。新疆天然草场上的主要灌木类牧草有驼绒藜（*Ceratoides latens*）、假木贼（*Anabasis* L.）、小蓬（*Nanophyton erinaceum*）、木蓼（*Atraphaxis* L.）、锦鸡儿（*Caragana* Fabr.）、兔儿条（*Spiraea* L.）、金露梅（*Potentilla fruticosa* L.）和灌木旋花（*Convolvulus fruticosus*）等，见图 34~ 图 41。

图 34　驼绒藜

图 35　假木贼

图 36　小蓬

图 37　木蓼

图 38　兔儿条

图 39　金露梅

图 40　灌木旋花

图 41　锦鸡儿

（5）有毒有害植物　有毒有害植物包括可以造成牲畜中毒及饲用价值极低的劣质牧草。新疆天然草场上的主要有毒有害植物包括乌头（*Nconitum* L.）、无叶假木贼（*Anabasis aphylla* L.）、醉马草（*Achnatherum inebrians*）、小花棘豆（*Oxytrois glabra*）、橐吾（*Ligularia Cass.*）、马先蒿（*Pedicularis* L.）、金莲花（*Trollius* L.）等，见图 42~ 图 48。

图 42　乌头

图 43　无叶假木贼

图 44　醉马草

图 45　小花棘豆

图 46　橐乌

图 47　金莲花

图 48　马先蒿

2. 放牧对牧草的影响

放牧是一把“双刃剑”。在利用适当时，它是维持生态健康、获得产品的利器；若利用不当，如放牧过轻或放牧过重，不但有害草场健康，而且会使其生产力下降。“放牧破坏草原”更是对草场科学管理的重大曲解。放牧不仅是最经济的畜产品收获方式，也是最良好、最稳妥的草场管理手段。

不合理的放牧，特别是在旱灾期或牧草“忌牧期”（指牧草返青期和秋后停止生长前期）的过度放牧，会对牧草生长造成严重的损害。但适度合理的放牧，则更有利于牧草的生长发育。

在过度放牧状态下，牧草地上部分被过度采食，叶面光合作用供给牧草恢复再生所需的营养物质不足，甚至破坏牧草的生长点，最终影响地下根系的生长发育，并致使牧草死亡。过度放牧后，草场上原有的优良牧草减少甚至消失；而耐牧性强的草类增多，并有大量外来植物入侵。这就是人们常说的草场退化。不同放牧强度对牧草根系的影响见图 49。

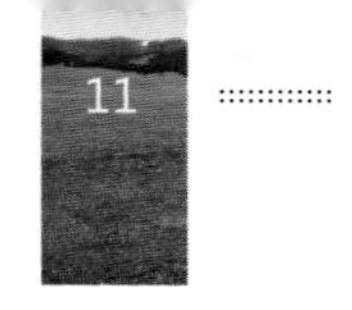

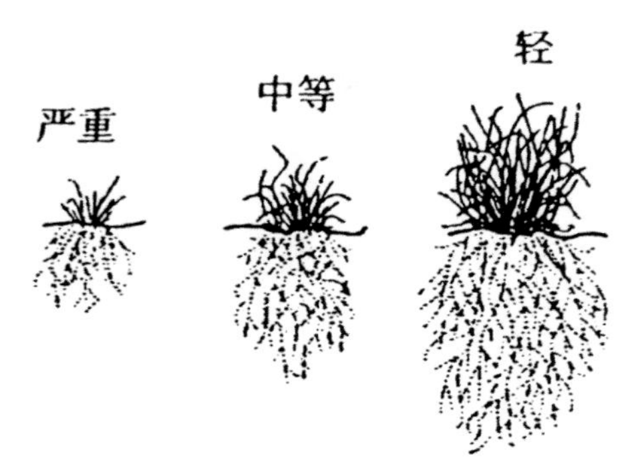

图 49　不同放牧强度对牧草根系的影响（引自《草原和畜牧技术参考手册》）

放牧过迟，牧草的生长点就从地表上升。一般强度的放牧也会破坏其生长点，牧草的再生能力将大幅度下降，产草量明显减少。所以，要在牧草抽穗、开花前放牧。不同放牧期对牧草再生能力的影响见图 50。

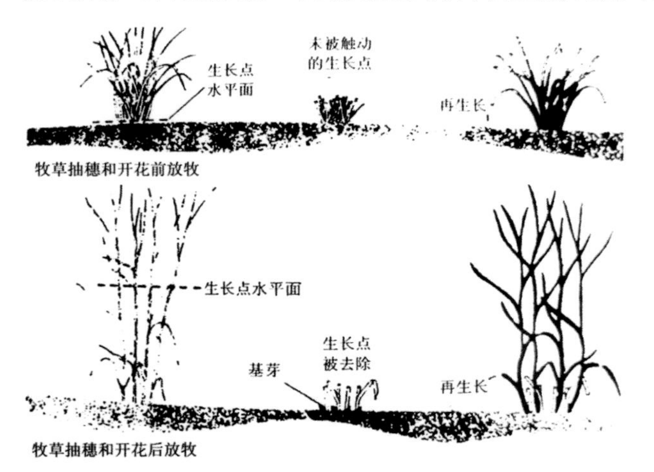

图 50　不同放牧期对牧草再生能力的影响（引自《草原和畜牧技术参考手册》）

3. 轮牧

轮牧是把现有草场分隔成几个管理片区，并按一定的次序在片区中放牧，是一种经济有效利用草场的放牧方式。轮牧的核心是同一区域的草场，在一年内或不同年份，其放牧与休闲的时间要有所变化。这样可以使草场植被有轮流生长的时间，并充分调动草场植被的自我修复与更新潜力。

把原有同一季节放牧的草场分隔成两个以上的片区，使一个片区放牧利用时，其他片区的牧草得到休闲和恢复。而且，不同年份的放牧与休闲的时间有所变化。这种放牧管理方式就是轮牧。

4. 放牧家畜采食量与饮水的关系

在正常情况下，成年母羊每天采食牧草 1.5~2 千克（干重）、饮水 5~10 千克；成年牛每天采食牧草 10 千克（干重）、饮水 30~50 千克。家畜饮水距离对其采食量影响很大，当羊的饮水距离大于 4 千米、牛的饮水距离大于 3 千米，其采食量将减少 50%。

二、放牧管理技术

放牧管理具有双重目的：一是管理草场，使之保持健康；二是获得可持续的经济效益。与放牧相对应的舍饲，是畜牧业生产的一大进步。但当前全舍饲家畜管理系统远未完善，导致环境污染日趋严重。饲养业屡遭恶性传染病袭击，舍饲畜禽的健康受到挑战。人们正在反思，如何求助于放牧的回归。可以说，放牧是陆地生态系统最重要的管理方式之一，直接关系到自然生态系统和人类社会的生态安全和健康。

1. 新疆传统放牧制度的优越性及其存在的问题

新疆自古以来就以草原畜牧业而著称。各族牧民具有从事放牧利用草原的悠久历史和丰富经验，并总结出适于新疆不同自然条件的天然草场放牧制度。即按平原草场、低山草场和高山草场的不同自然条件和季节，轮回放牧利用草场。新疆四季转场放牧体现出与不同地形、气候条件相适应的季节休闲放牧特点。

虽然新疆传统放牧制度所形成的季节休闲放牧利用制度具有与当地气候、地形等自然条件的适应性，但是，也存在一些缺陷。当草场负载增大时，传统放牧制度对草场植被的不利影响更加明显。主要体现在：

（1）四季草场利用时间一成不变 传统的四季转场放牧制度已经延续了几十年甚至上百年，由于草场放牧量的不断增加和农区的不断扩大，使得四季放牧场的不平衡性更加突出，季节草场的一成不变也会对牧草生长、更新造成危害（图 51 ～图 53）。

图 51 长期不变的冬季放牧，致使阔叶杂类草成分增加，草场质量下降

图 52 长期不变的冬季放牧，致使灌木类成分增加，草场质量下降

图 53 长期不放牧，劣质杂类草成为草场的主体，草场质量下降

（2）季节牧场的转场时间不尽合理 在传统放牧制度中，进出各季节草场的时间主要依据天气变化的情况，而且基本不变。对草场植被变化情况不够重视，普遍存在转入春秋草场的时间过早、退出夏草场的时间又过迟的问题，这对牧草的生长发育是极为不利的（图 54~ 图 56）。

图 54 牧草返青期放牧对草场危害严重

图 55 最佳放牧期未放牧也减少产草量

图 56 牧草枯黄前必须停止放牧，否则对草场危害严重

（3）草原管理与使用者缺乏对草场利用状况的及时评估 目前的草场利用状况评价，一般是由一些专业机构通过草场调查来进行，存在着评价周期长、技术复杂、基层技术人员不易操作等弊端，难以满足草场管理人员和牧民对草场状况评价的随机、便捷和及时性需求。在草场植被出现不良状况时，不能及时进行放牧方式及放牧量的相应调整。

2. 合理放牧管理的基本原则

合理放牧管理是在可持续原则的基础上，通过对草场上畜群与植被等关系的相互协调来实现的。放牧管理有两个基本部分：一是保护与促进草场植被持续发展；二是保持或提高草场畜产品的产出。

（1）放牧量适度 在牧草生长季节，决不能把所有牧草全部采食。留下的部分被称作“接力棒”，用于保护牧草根系的活力、保持水土，以保持草场植被正常生长与持续放牧利用。

（2）延缓放牧 在牧草处于敏感和脆弱期，要延缓放牧。如早春牧草返青期和灾害期，延缓放牧能帮助牧草度过“难关”，并减轻对草场的破坏。

（3）有效休牧 使牧场的牧草在生长时期得到有效的休息，保持草场植被的活力和稳定。

3. 合理放牧管理技术

（1）放牧时间的确定 春季牧草返青早期，要禁牧或轻度放牧（以一年生牧草为主的草场可在早春放牧）；在牧草返青 15~20 天后，再进入正常放牧。夏季牧场在牧草生长到 5~10 厘米，抽穗和开花前开始放牧利用。此时放牧有利于牧草的再生，可有效提高草场的载畜量。在牧草枯黄前 15 天以上转出夏季牧场，可确保牧草有效积累养分，有利于翌年正常返青和生长发育。最佳放牧期见图 57、图 58。

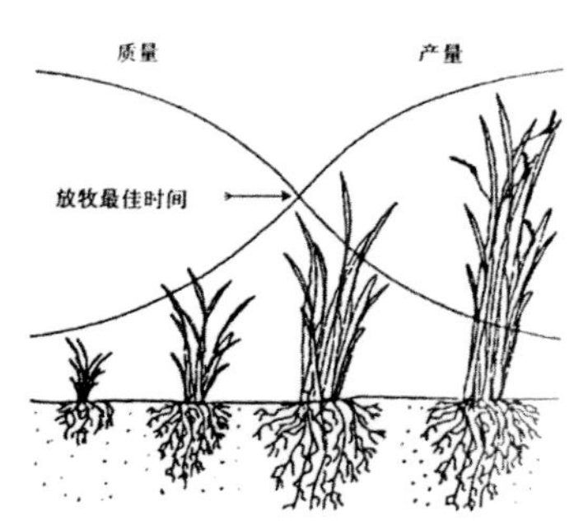

图 57 牧草生长期与最佳放牧期
（引自《草原和畜牧技术参考手册》）

图 58　以禾草和苔草为主体夏草场的最佳放牧期

（2）确定合理的放牧量　牧场（或牧户）某一季节草场的合理载畜量计算公式为：

$$合理载畜量（羊单位）=\frac{草场平均单产 \times 草场面积 \times 合理利用率}{羊单位日食量 \times 放牧天数}$$

式中：

羊单位——一只体重 50 千克并哺半岁以内单羔成年母绵羊，每头牛折合 5 个羊单位，每匹马折合 6 个羊单位，每峰骆驼折合 7 个羊单位，每只山羊折合 0.8 个羊单位；

草场平均单产——经多年监测获得的草场年度单产；

草场面积——一个季节放牧利用的有效面积；

合理利用率——控制放牧采食的牧草占草场年度产量的比例。其中，夏季放牧草场合理利用率应小于 70%，春秋季放牧草场合理利用率应小于 50%，冷季放牧草场可利用率为 40% 左右；

羊单位日食量——1.8 千克干草；

放牧天数——在同一季节草场的放牧天数。

要确定一个牧场的合理放牧量是比较困难的，除了准确掌握草场年度产草量外，还有如何合理确定采食量和利用率的问题。而在不同强度放牧状态下，牧草的再生率更是差异显著，特别是山区草场的牧草产量受地形、基质和气候影响极大。判断草场放牧强度是否合理的最简便方法就是：通过观察放牧结束后剩余牧草的高度，判断放牧利用程度。如果一个放牧季节（暖季）结束后，剩余牧草的高度在 2 指以内（2 厘米以下），说明放牧利用过度，需要减少放牧量或缩短放牧时间，或调整、改变现有放牧方式；剩余牧草的高度在 2~4 指（2~5 厘米），说明放牧利用程度适中，不需要任何调整；剩余牧草的高度在 4 指以上（5 厘米以上），表明放牧利用不足，可以适当加大放牧量。

（3）延迟轮牧 草场上的牧草依靠其根系中贮藏的营养为来年生长提供动力。每年春季，这些营养的 90% 都被消耗，形成新叶片的生长。对于放牧强度较大、已出现牧草生长不良状况的牧场，通过延迟现行的进入牧场时间，可以调动草场植被的自我修复能力，并有效提高牧草的生产能力。例如，将现行的 3 月 25 日全部进入春场放牧改变为分片区，每年有一个片区推迟到 4 月中旬放牧，并逐年轮换（图 59）。

2011 年
原有春季放牧场 3 月 25 日进入
2012 年
A 3 月 25 日进入放牧
B 4 月 15 日进入放牧
2013 年
A 4 月 15 日进入放牧
B 3 月 25 日进入放牧
2014 年
3 月 25 日进入放牧

图 59　延迟轮牧

（4）季节休闲轮牧 季节休闲轮牧是对传统季节休闲放牧制度的调整，即将现行的某一季节牧场始终固定在同一时间放牧或休闲，转变为不同年份的放牧和休闲时期有所变化，以此激发和调动草场植被的自我修复潜力，保持草场植被的健康状态。如将现有的春、秋两季放牧场，在一定时期内调整为两个片区，分别在春、秋两季轮换放牧；或将某一夏牧场在一定时期变换为夏末和秋季放牧（图 60）。春季休牧的草场见图 61。

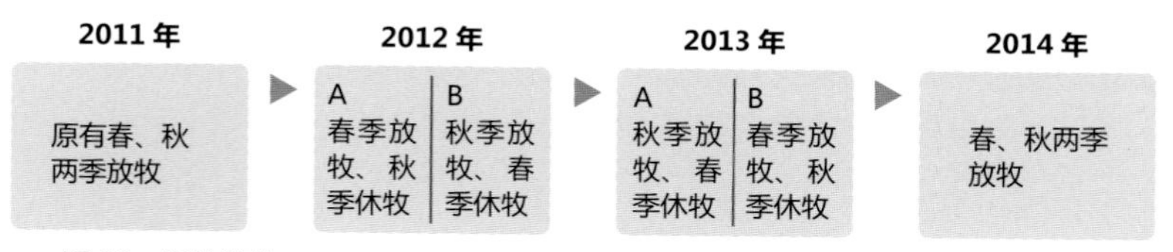

图 60　季节轮牧

图 61　春季休牧草场

（5）禁牧与休牧　对于长期过度放牧，草场植被破坏极为严重，经草场健康评价得分在 50 分以下的草场，应该停止放牧一定时期，使牧草能够充分自我修复和更新。禁牧时间为 2~3 年。高山夏草场禁牧 2 年后植被的修复状况见图 62。

图 62　高山夏草场休牧 2 年后植被的修复状况

（6）小区轮牧　把原有一个季节牧场的草场，通过围栏分隔成 3 个以上的小区，牲畜在各小区内轮换放牧。这样，可使各小区的牧草在放牧期内都能得到休息，并能提高草场的产草量（图 63）。

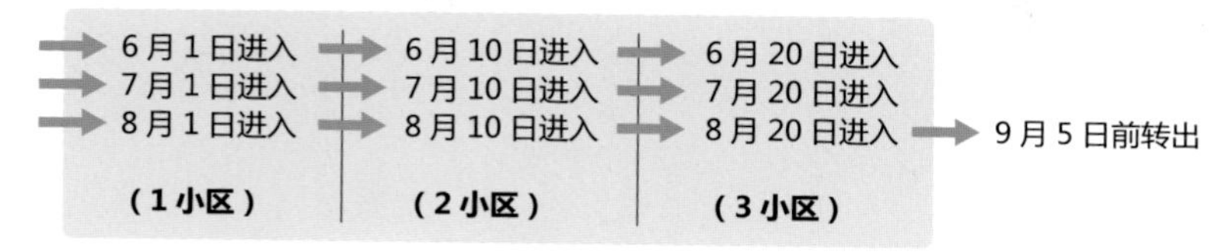

图 63　小区轮牧

4．草场简易监测方法

通过对放牧场植被的监测（观察），可以及时判断和评估放牧利用的程度和草场植被的健康状况。这里推荐一种草场监测（观察）的简单方法，每个牧场管理者及牧民都可以对自己的牧场进行长期的监测（观察），以此了解和掌握草场的健康状况，发现问题及时调整放牧管理方式。

监测（观察）方法：在牧场上固定一个有代表性的位置，并做好标记。在每年牧草生长旺盛期的相同时间，观察并记录固定位置上数量最多的牧草是哪些，较多的是哪些，有没有以前没有见过的植物种类。把多年的记录进行对比，就可以看出草场的变化情况。记录表格见表 1。

表 1　牧民草场监测记录表

观察时间	草场地点	数量最多的牧草名称	数量较多的牧草名称	数量很少的牧草名称	新出现的植物名称

三、牧民实用草场健康状况评价

虽然不同地区的草场植被复杂多样，但通过经常性的实地观察和监测，就有可能对放牧草场的状况进行判断和评价。对于牧场管理人员和使用者来说，就如同及时了解自己的身体健康状况一样，这是极为重要的。传统的草场状况评价是比较复杂的过程，一般由一些专门机构和技术人员来进行。这里介绍一种便于基层管理者及牧民掌握与应用的简便方法，也就是牧民实用草场健康状况评价技术。通过对草场上牧草成分变化情况、草场地表枯枝落叶数量、草场地表水土流失情况、草场植被结构情况和草场新增加外来入侵杂草数量的观察与评估，每个牧场管理人员和牧民都可以应用此方法对自己的牧场进行草场健康状况评价。

1．观察对比草场上牧草成分变化情况（占 40 分）

（1）与原有牧草成分相比基本一致（40 分）　草场上的牧草种类与原来一致，没有什么变化，此项可以得 40 分。

（2）与原有牧草成分相比有较小变化（25 分）　草场上原有数量最多的牧草种类没有变化，原有较多的牧草种类变化为较少或消失，此项可以得 25 分。

（3）与原有牧草成分相比有较大变化（15 分）　草场上原有数量最多的牧草种类转变为较多，而原有较多的牧草种类成为草场最多成分，此项得 15 分。

（4）与原有牧草成分相比有重大变化（0分）　当草场上原有数量最多的牧草种类转变为较少或消失，此项不能得分。

2．观察草场地表枯枝落叶数量（占25分）

（1）地表有较多的枯枝落叶（25分）　当草场利用程度不高时，地表就会有较多的枯枝落叶（图64）。每平方米有枯枝落叶10克以上的草场，此项可以得25分。

图64　较多枯枝落叶

（2）地表枯枝落叶较少（13分）　当草场利用程度较高时，地表的枯枝落叶较少（图65）。每平方米有枯枝落叶10克以下的草场，此项可以得13分。

图65　较少枯枝落叶

（3）地表没有枯枝落叶（0 分） 当草场利用程度过高时，地表没有枯枝落叶（图 66）。这样的草场，此项不得分。

图 66 没有枯枝落叶

3．观察草场地表水土流失情况（占 20 分）

（1）没有放牧或人为造成的地表裸露及冲刷迹象（20 分） 当植被覆盖度较高时，草场就不会发生水土流失现象（图 67）。这样的草场，此项可以得 20 分。

图 67 无水土流失

（2）有轻微地表冲刷迹象（10 分） 当植被覆盖度不高时，草场就会出现水土流失的迹象（图 68）。这样的草场，此项可以得 10 分。

图 68　水土流失迹象

（3）有放牧或人为造成的地表裸露，水土流失明显（5 分）　当利用程度过高时，草场就会发生水土流失（图 69）。这样的草场，此项只得 5 分。

图 69　水土流失

（4）有严重的水土流失现象（0 分）　当草场利用程度过高、植被覆盖度低、坡度又较大时，草场就会发生严重的水土流失（图 70）。这样的草场，此项不能得分。

图 70　水土流失严重

4．观察分析草场植被结构情况（占 8 分）

（1）草场植被具有 4 层（8 分）　具有乔（灌）木、高禾草类、阔叶杂类草、小禾草及小杂类草 4 层结构的草场植被（图 71），此项可以得 8 分。

图 71　具有 4 层结构的草场植被

（2）草场植被具有 3 层（6 分）　具有高禾草类、阔叶杂类草、小禾草及小杂类草 3 层结构的草场植被（图 72），此项可以得 6 分。

图 72　具有 3 层结构的草场植被

（3）草地植被具有 2 层（3 分）　具有禾草类、蒿类 2 层结构的草场植被（图 73），此项只得 3 分。

图 73　具有 2 层结构的草场植被

（4）草地植被具有 1 层（0 分）　仅具有一年生草类 1 层结构的草场植被（图 74），此项不能得分。

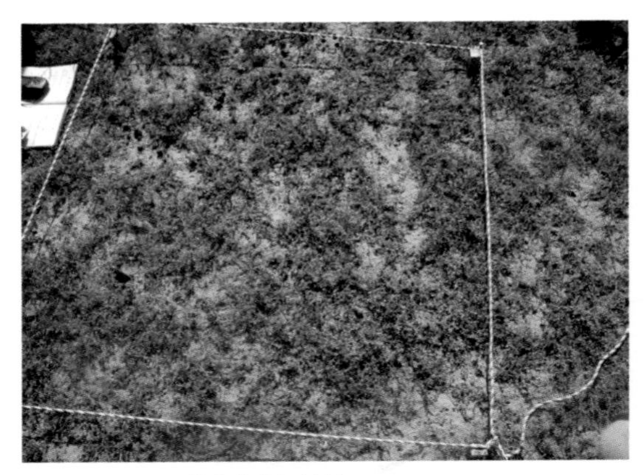

图 74　单一结构的草场植被

5．观察对比草场新增加外来入侵杂草数量（占 7 分）

（1）不存在外来入侵杂草（7 分）　草场植被保持原有成分，没有增加新的植物种类（图 75），此项可以得 7 分。

图 75　无杂草入侵的嵩草、苔草高寒草甸植被

（2）入侵杂草数量极少量（5 分）　草场植被成分中，增加了少量新的植物种类（图 76），此项可以得 5 分。

图 76　少量杂草入侵的羊茅草原植被

（3）入侵杂草数量较多（0 分）　当草场植被成分中，有大量新的植物种类增加时（图 77），此项不能得分。

图 77　大量杂草入侵的羊茅草原植被

6. 草场健康评价方法

各项指标总分值 100 分。

评定分值为 75~100 分，说明放牧利用的草场处于健康状态；

评定分值为 50~74 分，说明草场基本健康但有问题，是早期预警，提示在放牧利用制度上需要进行一定的变化或调整，比如调整放牧方式、实施延迟放牧和休闲轮牧等；

评定分值为 50 分以下，说明草场已处于不健康状态，需要采取紧急行动，有必要进行重大的调整，比如休牧、禁牧等。

主要参考文献

任继周等. 2011. 放牧管理的现代化转型 [J]. 草业科学，28（10）：1745-1754.

新疆八一农学院. 1980. 植物分类学 [M]. 北京：农业出版社 .

新疆植物志编辑委员会 .1993. 新疆植物志. 第一卷 [M]. 乌鲁木齐：新疆科技卫生出版社 .

新疆植物志编辑委员会. 1994. 新疆植物志. 第二卷 [M]. 乌鲁木齐：新疆科技卫生出版社 .

新疆植物志编辑委员会. 2011. 新疆植物志. 第三卷 [M]. 乌鲁木齐：新疆科技卫生出版社 .

新疆植物志编辑委员会. 2004. 新疆植物志. 第四卷 [M]. 乌鲁木齐：新疆科技卫生出版社 .

新疆植物志编辑委员会. 1999. 新疆植物志. 第五卷 [M]. 乌鲁木齐：新疆科技卫生出版社 .

新疆植物志编辑委员会. 1996. 新疆植物志. 第六卷 [M]. 乌鲁木齐：新疆科技卫生出版社 .

许鹏 .1993. 新疆草地资源及其利用 [M]. 乌鲁木齐：新疆科技卫生出版社 .

中华人民共和国农业行业标准 .NY/T 635 天然草地合理载畜量的计算 [S].

中国—加拿大可持续农业发展项目. 2001. 草原和畜牧技术参考手册 .

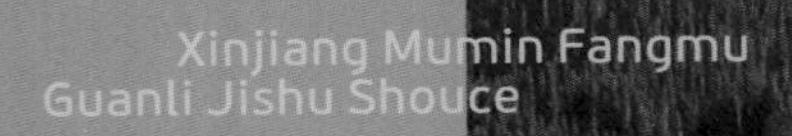
Xinjiang Mumin Fangmu
Guanli Jishu Shouce

ISBN 978-7-109-18880-8
9 787109 188808

定价：12.00元

传统民居地基基础加固施工技术参考图集

◎宋建学 编著

中国建筑工业出版社